微体兔美食 I

微体社区／主编

# 我的零基础
# 烘焙书

中国纺织出版社

## 图书在版编目（CIP）数据

微体兔美食. I，我的零基础烘焙书 / 微体社区主编. —北京： 中国纺织出版社，2017.8（2025.3 重印）
ISBN 978-7-5180-3680-6

I. ①微…　　II. ①微…　　III. ①烘焙 - 糕点加工　　IV.
① TS972.12

中国版本图书馆 CIP 数据核字（2017）第 131929 号

摄影摄像：深圳市金版文化发展股份有限公司
图书统筹：深圳市金版文化发展股份有限公司

责任编辑：舒文慧　　　责任校对：高涵　　　责任印制：王艳丽

中国纺织出版社出版发行
地址：北京市朝阳区百子湾东里 A407 号楼　　邮政编码：100124
销售电话：010-67004422　传真：010-87155801
http://www.c-textilep.com
中国纺织出版社天猫旗舰店
官方微博 http://weibo.com/2119887771
三河市天润建兴印务有限公司印刷　各地新华书店经销
2017 年 8 月第 1 版　2025 年 3 月第 2 次印刷
开本：889×1194　1/32　印张：5
字数：70 千字　定价：58.00 元

## 作者序

# 我与烘焙的不解之缘

还记得小时候喜爱的曲奇饼干吗？每逢过节能收到一盒就能开心好几天。走过面包店，一阵一阵的黄油香让人闻的心花怒放，这种口感松脆、入口香甜的曲奇饼干，以前从来没想过自己能在家中制作出这份甜蜜。你是否已经有了拿手的小甜点？又或者还没有开始这奇妙的烘焙之路？那种把饼干包装好作为礼物送出去，"看，这是我烤的，你一定要尝一口！"的心情，只要试过了，相信会让你着迷。

都说一入烘焙深似海，一点都没错。从选料开始，高粉、中粉和低粉的区别；和面，让每一粒粉末都完全融合；黄油和奶油的打发；酥皮的制作方法等。所有食材的配比，甜度的把控，反复琢磨和研究，是成功的开始。注重

细节和调配方式，再用足够的耐心去完成。烤箱是个神秘的盒子，在食材进入烤箱的那一刻，期待加倍，忍不住守在旁边，想象出炉时候的样子。成功时的欣喜恨不得跟所有人分享，失败了止不住回忆问题出在哪里，接着又魔性的要去重做。

《老友记》中有一个情节，菲比说要给莫妮卡一份订婚礼物，莫妮卡说那我就要你外祖母的曲奇食谱，这样我将会成为世界上最会做曲奇的妈妈！看，这就是一份食谱带来的超大满足感。烘焙不仅仅是食材的交流，做出来后的再分享，这个过程更是人与人之间的交流。朋友们聚会的下午茶，带上一个刚出炉的芝士蛋糕，大家一哄而上瞬间抢光。啊……还没拍照呢！你看着大家乐呵呵的笑了，"好吃吗？好吃我下次再做。"

还有越来越多的家长带着孩子去上亲子烘焙课，一起揉面，一起烘烤，一起等待。原来是这样啊，无论是做好或做坏，我们之间多了很多话说，我就觉得很开心了。

"选择一份喜欢的职业，这样不论是上班或是下班时间，都是快乐的。"作为微体社区的创办人，选择美食作为职业，小伙伴们也是非常羡慕，并且爱吃、爱喝、爱折腾的我每天都过得很开心，好东西就必须分享！我们的每一个食谱，都要花费很多时间精力研究配方，出品的每一个视频也都会花几个小时甚至几天的时间录制，最终剪辑出来的成片也不过几分钟而已，融入了大家的心血和感悟。

书中记录的经典食谱和步骤都是我们的心意之选，感谢微体社区团队所有伙伴的帮助，也感谢这些日子里与我们一直相伴的粉丝们。

**微体社区创始人**

小溪

# Contents

CHAPTER

## 我的第一堂手作烘焙课

# Contents

CHAPTER

## 好吃！唤醒懒人的早餐系点心

CHAPTER

## 赴一场优雅的下午茶派对

# 目录 | Contents

CHAPTER

## 暖心又暖胃的治愈系小食

CHAPTER

**拥有清凉魔法的冷饮 & 甜点**

我的第一堂
手作烘焙课

壹

CHAPTER

改变"十指不沾阳春水"的态度，
亲自动手做烘焙，感受手作的乐趣，
你会爱上这种趣味生活。

Number

# 1

萌 趣 小 造 型 / **愤怒的小兔**

这些疯狂的小兔，
已经把表情写在脸上啦！
一大群小兔正在靠近，
你抵挡得住吗？

跟着视频
学烘焙

## 材料

低筋面粉 125 克，黄油 60 克，全蛋液 18 克，
细砂糖 40 克，可可粉 5 克，抹茶粉 8 克

## 做法

1.  取低筋面粉 120 克，过筛后加入全部的细砂糖，倒入室温软化的黄油，用手搓捏混合。

2.  待黄油完全吸收后，加入全蛋液，继续揉成面团。

3.  称出 3 个面团，分别重为 120 克、77 克、33 克。

4.  120 克的面团加上 8 克抹茶粉和成抹茶面团，33 克的加上 5 克可可粉和成可可面团，77 克的加上 5 克低筋面粉和成黄色面团。

5.  将可可面团分出 2 个 12 克做耳朵，2 个 5 克做眼睛，1 个 4 克做嘴巴，都搓成 15 厘米左右长度的小条。

6.  取 25 克黄色面团搓成长条状，按扁，中间放上嘴巴面团，再取 10 克黄色面团搓成长条，按扁，盖在嘴巴面团上，防止变形，再放上 2 条眼睛。

7.  取剩余的黄色面团搓成条按扁，盖上，再放上 2 条耳朵面团。然后取些抹茶面团揉成条放在耳朵之间做支撑，将剩下的抹茶面团全部裹在外面。

8.  盖上一层保鲜膜，放进冰箱里冷冻 20 分钟。

9.  取出面团，切成 0.5 厘米厚的小片。

10. 烤箱预热，以 165℃烤 15 分钟，出炉晾凉即可。

Number

# 2

小 清 新 最 爱 ／ **小蘑菇饼干**

用简单的材料，
就能变成可爱的小蘑菇饼干，
既好吃又有趣！

## 材料

黄油 50 克，细砂糖 15 克，淡奶油 15 毫升，
低筋面粉 110 克，巧克力 6 块

## 做法

1. 黄油室温软化，或是稍稍加热软化。
2. 加入细砂糖，搅拌均匀，再分 2 次加入淡奶油，拌匀。
3. 筛入低筋面粉，用刮刀从下而上拌匀，揉成面团。
4. 取 2 克左右的小面团捏成长条做蘑菇杆，再取 2 克左右小面团捏成小伞做蘑菇顶，拼在一起，制成蘑菇饼干的形状。顺序用完所有面团。
5. 预热烤箱，以 180℃的温度烤制 20 分钟，直至饼干变色取出。
6. 巧克力块隔水加热熔化后，沾在蘑菇顶上。
7. 把沾好巧克力的蘑菇饼干放在盘中晾干，即可食用。

跟着视频
学烘焙

Number

# 3

磨 牙 小 零 食 ╱ **燕 麦 馋 嘴 饼 干**

难免都有嘴馋的时候，
烤的香喷喷的燕麦馋嘴饼干，
专治管不住嘴，又想减肥的吃货。

跟着视频
学 烘 焙

材料

低筋面粉 100 克，鸡蛋 1 个，蛋液适量，
细砂糖 25 克，黄油 10 克，燕麦 20 克

做法

1. 黄油隔热水加热熔化。

2. 在熔化好的黄油中加入细砂糖，搅拌均匀，利用黄油的余热使其溶化。

3. 鸡蛋打散后分次加入黄油中，混合均匀。

4. 燕麦捏碎后加入搅拌好的液体中。

5. 过筛入低筋面粉，搅拌均匀。

6. 将搅拌好的面粉倒在揉面垫上，揉成表面光滑的面团。

7. 用保鲜膜包裹住面团，放置一旁醒发 20 分钟。

8. 将醒好的面团拿出来，用擀面杖擀成 2～3 毫米厚的薄片。

9. 用刀把薄片四周切掉，切成一个长方形，再切成细长条。

10. 抓起长条的两头，扭成麻花状放入烤盘内。

11. 在饼干上刷一层蛋液。

12. 烤箱预热，以 180℃的温度烤制 20 分钟左右即可。

# 4

枣 味 飘 香 ／ **红枣饼干**

红枣的维生素含量非常高，
有"天然维生素丸"的美誉。
它能美容养颜，安神补血，延缓衰老……
这样一款营养丰富的饼干，
爱美的女孩快来试试吧！

**材料**

低筋面粉 250 克，鸡蛋 1 个，红枣 50 克，红糖 30 克，细砂糖 30 克，
黄油 100 克，奶粉 10 克，泡打粉 1 克

**做法**

1.  红枣去核切成丁。
2.  黄油先在室温软化，然后加入细砂糖，用电动打蛋器打发膨松。
3.  接着倒入红糖拌匀，加入打散的蛋液，搅拌均匀。
4.  筛入泡打粉、奶粉和低筋面粉，搅拌均匀。
5.  加入红枣丁，再次拌均匀，制成最终的面团。
6.  用擀面杖将面团擀成 0.5 厘米厚的片状，再切成小方块。
7.  在烤盘上铺上油纸，再放上小方块。
8.  预热烤箱，以 170℃的温度烤 10 分钟，烤好后装盘即可。

跟着视频
学烘焙

Number

# 5

多重口味 ╱ **双莓杏仁曲奇**

既想吃到草莓也想尝一尝蓝莓怎么办？
来试试这款双莓杏仁曲奇吧！
酥脆的曲奇饼干，
中间点缀双色果酱，
多种口味多种欢乐！

跟着视频
学烘焙

**材料**

低筋面粉 100 克，杏仁粉 50 克，细砂糖 25 克，盐少许，黄油 30 克，
鸡蛋 1 个，牛奶 5 毫升，草莓酱、蓝莓酱各适量

**做法**

1. 将低筋面粉、杏仁粉、细砂糖、盐放入碗中混合后过筛。
2. 黄油切小块，放入过好筛的材料中。
3. 用手揉搓，使黄油与材料充分混合成粒状油酥。
4. 加入鸡蛋和牛奶，搅拌成团状。
5. 在案台上撒上一点面粉防粘，倒出面团将其揉搓均匀。
6. 将揉搓好的面团擀成长条状，再切成 10 克左右的小面团。
7. 将小面团揉搓成球后，用擀面杖的一头挤压，使其中心凹进去。
8. 在烤盘上铺上油纸，放上小面团。
9. 在面团凹进去的地方涂抹草莓酱和蓝莓酱。
10. 烤箱以 160℃的温度预热 10 分钟。
11. 把面团放入烤箱，以上下火 160℃烤制 30 分钟。
12. 烤好后取出曲奇，装盘即可。

Number

# 6

甜美的香气 / **蔓越莓瑞士卷**

瑞士卷，是海绵蛋糕的一种，
吃起来口感也像海绵一样。
酸酸甜甜的蔓越莓瑞士卷，
卷起来的美味。

跟着视频
学烘焙

## 材料

低筋面粉 110 克，鸡蛋 6 个，色拉油 50 毫升，蔓越莓干 50 克，
细砂糖 90 克，水 70 毫升，蓝莓酱 30 克

## 做法

1. 将鸡蛋的蛋黄和蛋清分离开来，分别放进无水、无油的容器中。
2. 另置一碗，倒入水、色拉油和 30 克细砂糖搅拌至溶化。
3. 倒入蛋黄搅拌均匀后，再倒入低筋面粉搅拌至无颗粒，制成蛋黄液。
4. 在厨师机中倒入蛋清和 60 克细砂糖，将其打发成带有花纹的奶油状。
5. 再用慢速打发，排除气泡，让口感更加细腻。
6. 将打发好的蛋白放入蛋黄液中，上下翻转搅拌均匀。✳
7. 在烤盘上放少许的油，刷匀，铺上油纸。
8. 在烤盘上均匀的撒上蔓越莓干。
9. 将蛋液倒入烤盘中，把表面抹平，然后震动烤盘，排除气泡。
10. 入烤箱，以上下火 170℃，烤制 17 ~ 20 分钟。
11. 取出烤好的瑞士卷，震动一下放至一边晾至温。
12. 趁着余热将蛋糕倒出来，撕去油纸。
13. 将有蔓越莓的那一面铺在油纸上，在朝上的一端抹上蓝莓酱。
14. 最后将瑞士卷卷制起来，切成合适的大小装盘即可。

| 微 | 体手记 ×

⊛ 膨松的蛋白会使瑞士卷口感更加松软，
蛋白搅拌时注意不要过多消泡。

# 7

微 苦 的 妙 趣 / **可可蛋糕卷**

可可蛋糕卷是瑞士卷的一种。
虽然只是蛋糕卷起奶油的搭配，
奇妙之处就在于无论是蛋糕还是夹心，
都可以有随心丰富的变化。

跟着视频
学美食

黄油 20 克，细砂糖 70 克，低筋面粉 20 克，蛋清 125 克，蛋黄 100 克，
玉米油 40 毫升，牛奶 55 毫升，低筋面粉 40 克，
可可粉 20 克，淡奶油 100 毫升

1. 取 25 克蛋清，分 2 次加入 20 克细砂糖打发成湿性发泡。

2. 把黄油加热熔化后倒入碗中，接着筛入 20 克低筋面粉。

3. 拌匀后加入之前打发好的蛋清，再次搅拌均匀。

4. 把面糊装入裱花袋，按照自己的喜好，在铺了油纸的烤盘里挤出图案打底，放入冰箱冷藏，定形。✸

5. 将蛋黄打散，加入 40 克细砂糖搅拌均匀。

6. 分 2 次倒入玉米油，继续搅拌，再倒入牛奶搅拌。然后筛入低筋面粉、可可粉，拌匀制成可可糊备用。剩下的蛋清分 3 次加入 10 克细砂糖打发成湿性发泡。

7. 挖 1 勺蛋清加入可可糊，由下而上翻动搅拌后，倒入剩下的蛋清糊中拌匀。

8. 从冰箱里取出烤盘，把可可糊从中心处慢慢倒下去，使其铺满整个烤盘。

9. 烤箱预热，以 150℃的温度烤 20 分钟。烤好后取出，倒扣出来，晾凉。

10. 淡奶油加 10 克细砂糖，打发成形后，涂在蛋糕中间。

11. 慢慢卷起蛋糕，切开摆盘即可。

| 微 | 体手记 ×

✸ 如果没有裱花袋，用一个透明保鲜袋剪个小口也是可以的。

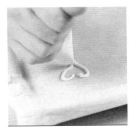

Number

# 8

别样酥脆香 ／ **黄油曲奇**

最常见的一款小饼干——黄油曲奇，
黄油的喷香，牛奶的奶香，
搭配杏仁粉的特别香味，
无蛋版的黄油曲奇也一样酥脆。

## 材料

低筋面粉 400 克，黄油 300 克，细砂糖 160 克，牛奶 80 毫升，
杏仁粉 80 克，盐 4 克

## 做法

1. 将细砂糖和牛奶混合搅拌至细砂糖溶化。
2. 将黄油和盐倒入厨师机中打发至发白。
3. 将糖奶混合物分次倒入黄油中打至有光泽。
4. 加入低筋面粉和杏仁粉继续搅打，制成曲奇糊。
5. 在烤盘上铺上油纸，然后将曲奇糊装入裱花袋中。
6. 将曲奇糊挤在烤盘上，以上下火 170℃ 的温度烤制 15 分钟左右。
7. 取出烤好的曲奇，装盘即可食用。

跟着视频
学烘焙

Number

# 9

圈 起 来 的 小 卷 ／ **双色饼干**

一口咬下去，简直是从嘴里酥到心里，
配上牛奶就是一份完美的早餐啦！
原味和巧克力味是最经典搭配，
喜欢别的口味也可以按个人喜好搭配。

跟着视频
学 烘 焙

## 材料

黄油 120 克，细砂糖 60 克，蛋黄 20 克，
低筋面粉 170 克，可可粉 10 克

## 做法

1. 将室温软化好的黄油和细砂糖用搅拌机搅打至颜色发白，然后加入蛋黄，继续打发至黄油糊顺滑。

2. 将黄油糊等分成 2 份备用，在其中一份的黄油糊中筛入 90 克低筋面粉，用刮刀翻拌均匀至无干粉。

3. 将面团放入保鲜袋中，擀成 2 ~ 3 毫米厚的饼干片，放入冰箱冷藏 10 分钟。

4. 将可可粉和 80 克低筋面粉混合均匀，筛入剩下的黄油糊中，用刮刀翻拌均匀至无干粉。

5. 将面团放入保鲜袋中，擀成 2 ~ 3 毫米厚的饼干片，放入冰箱冷藏 10 分钟。

6. 取出冷藏好的两种饼干片，将保鲜袋剪开，然后把可可饼干片盖在原色饼干片上卷起来，继续用保鲜袋包好。

7. 放入冰箱冷藏 20 ~ 30 分钟后取出，不用拿掉保鲜袋，直接切成 1 厘米厚的饼干片。

8. 烤盘上垫一层油纸，放入切好的饼干片，撕去保鲜袋。

9. 烤箱预热，以上下火 180℃的温度烤制 20 分钟即可。

小 杯 的 乐 趣 / **纸杯哈雷蛋糕**

哈雷蛋糕，因外形像哈雷彗星而得名。
柔软的面包加上香甜的苹果块，
香甜细腻，苹果清香。

**材料**

鸡蛋 150 克，低筋面粉 150 克，色拉油 140 毫升，
细砂糖 130 克，泡打粉 10 克，苹果块适量

**做法**

1. 将鸡蛋打在容器内，加入细砂糖搅拌至溶化。
2. 低筋面粉和泡打粉过筛后加入蛋液中，搅拌均匀。
3. 将色拉油分 3 次加入，边加入边搅拌，一直到材料混合均匀。
4. 将小纸杯均匀的放在烤盘上，然后把蛋糕糊装入裱花袋中。
5. 按照纸杯的高度，先将面糊挤入 1/3，再把苹果块均匀的撒在纸杯内，
   再挤入剩下的蛋糕糊，大约挤至纸杯的 2/3 处即可。
6. 烤箱温度调至 170℃，预热 5 分钟。将纸杯蛋糕放入烤箱，烤制 18 分钟，
   烤好后取出即可。

跟着视频
学烘焙

Number
# 11

鲜 脆 小 圆 ╱ **车厘子饼干**

烤的脆脆的圆形小饼干，
加上了新鲜的车厘子。
做成饼干存起来，
也十分好吃呢！

跟着视频
学 烘 焙

**材料**

低筋面粉 140 克，杏仁粉 30 克，黄油 60 克，
蛋黄 1 个，细砂糖 50 克，食用色素、车厘子粒各适量

**做法**

1.   将软化的黄油加细砂糖打发，然后倒入蛋黄继续打发。

2.   加入食用色素，搅拌均匀。

3.   加入过筛的低筋面粉和杏仁粉，搅拌均匀。再放入车厘子粒，搅拌成面团。

4.   将面团在硅胶垫上搓成一个圆柱形，在垫子上撒些面粉，以防粘住。

5.   用油纸包住面团，放入冰箱冷冻约 1 小时。

6.   冻好的面团拿出来，切成约 0.5 厘米的厚度。

7.   在烤盘上垫上油纸，整齐的码好饼干。

8.   预热烤箱，以 180℃的温度烤制 15 ~ 20 分钟。

9.   烤好后取出装盘即可。

Number
# 12

果 香 小 蛋 糕 ／ **车 厘 子 蛋 糕**

超大颗红到发紫的车厘子清甜爽口，
和蛋糕完美的融合在一起，
咬上一口，既有蛋糕的松软又有厚实的果肉，
整个小蛋糕都高大上了。

## 材料

黄油 100 克，普通面粉 80 克，玉米淀粉 20 克，细砂糖 90 克，车厘子 15 颗，鸡蛋 2 个，泡打粉 2 克，燕麦片、糖粉各适量

## 做法

1. 将车厘子去核，切成小块和粒状备用。
2. 将室温软化的黄油用打蛋器稍微打发，加入细砂糖打发至膨松变大的状态，然后分 2 次加入鸡蛋液搅拌均匀。
3. 筛入普通面粉、玉米淀粉和泡打粉，继续搅拌均匀，制成蛋糕糊。
4. 将面糊装入裱花袋，挤入模具约五分满，接着铺上车厘子块。
5. 然后挤入剩余的面糊，约为模具的八分满，撒上车厘子粒、燕麦片做装饰。
6. 预热烤箱，以上下火 170℃的温度，烤制 35 ～ 40 分钟。
7. 出炉后在蛋糕上面撒上糖粉装饰即可。

跟着视频
学烘焙

Number

# 13

简 单 的 美 味 / **原味戚风蛋糕**

每个蛋糕初学者的第一课就是戚风蛋糕，
一款简简单单的原味戚风蛋糕，
口感绵柔，
味美又经典。

跟着视频
学 烘 焙

**材料**

鸡蛋 5 个，低筋面粉 100 克，玉米淀粉 10 克，

玉米油 60 毫升，细砂糖 90 克，牛奶 75 毫升

**做法**

1. 将 5 个鸡蛋的蛋清和蛋黄分离，分别放在两个干净的大容器中。

2. 往蛋黄里加入 30 克细砂糖，手动打发至蛋黄颜色变浅。

3. 蛋黄液中依次加入牛奶、玉米油，搅拌均匀后，再筛入低筋面粉和玉米淀粉。

4. 用刮刀呈十字搅拌至无明显颗粒状，做成蛋黄糊待用。

5. 将蛋清用电动打蛋器打发出气泡，然后倒入 30 克细砂糖。

6. 高速打发膨胀后再加入剩下的 30 克细砂糖，打发成提起打蛋器的头，会留下一个小尖尖的样子就可以了。

7. 将 1/3 的蛋白糊放入蛋黄糊中，呈十字搅拌均匀，完全混合后再倒入剩下的蛋白糊混合均匀。

8. 将制好的面糊倒入模具中，轻轻震动模具排除掉气泡。

9. 预热烤箱，放入模具，以 140℃的温度，烤制 60 分钟左右。

10. 蛋糕烤制过程中可以加盖一层锡纸，使蛋糕上色均匀并且防止烤糊。

11. 取出烤好的蛋糕倒扣晾凉，减少回缩。

12. 将戚风蛋糕切成适合的小三角块，就可以享用了。

Number

# 14

错 觉 系 美 食 / **棒棒糖蛋糕**

一提到蛋糕，
很容易想到的是圆形的奶油蛋糕，
或者是杯子蛋糕，
不过，你吃过棒棒糖形状的蛋糕吗？

**材料**

鸡蛋2个，细砂糖60克，黄油110克，低筋面粉115克，
泡打粉3克，黑巧克力50克，粉巧克力50克，糖珠适量

**做法**

1.  将鸡蛋打入一个空碗中,加入细砂糖,用手动打蛋器打发,直到蛋液发白。

2.  筛入低筋面粉和泡打粉，继续用打蛋器搅拌。

3.  拌开后加入软化后的液体黄油，继续搅拌，直到黄油完全吸收。

4.  把做好的面糊装入裱花袋，挤进模具里，面糊的量要与模具齐平，盖上模具盖。预热烤箱，将模具放进烤箱中层，以180℃的温度烤15分钟。

5.  将黑巧克力和粉巧克力隔水熔化备用。

6.  蛋糕出炉后，从模具中取出，微微放凉，拿一根棒棒糖棒，蘸一些巧克力液，然后将小棒戳入小蛋糕中。

7.  在蛋糕外层裹一圈巧克力，撒上小糖珠，放置一旁晾干就完成了。

跟着视频
学 烘 焙

Number

# 15

粉红色的心意 ／ **火龙果酸奶蛋糕**

淡粉色奶油遇上红色火龙果，
迎接夏日的来临，
一杯咖啡和一本书，
让整个下午变得悠然自得。

跟着视频
学烘焙

## 材料

红心火龙果 1/2 个，鸡蛋 2 个，酸奶 30 毫升，橄榄油 20 毫升，细砂糖 45 克，可可粉 4 克，泡打粉 1 克，淡奶油 100 毫升，低筋面粉 50 克

## 做法

1. 将鸡蛋的蛋清和蛋黄分离开来，取蛋黄，加入 10 克细砂糖，用打蛋器搅拌打发。

2. 倒入酸奶继续打发，再分 2 次倒入橄榄油，打发均匀。

3. 将低筋面粉、泡打粉和可可粉分别过筛后加入蛋黄液中，用刮刀搅拌均匀，面糊放置一旁待用。

4. 蛋清分 3 次加入 25 克细砂糖打发至湿性发泡。

5. 取部分打发好的蛋清混入面糊，搅拌均匀后再将面糊全部倒回剩下的蛋清中，一起搅拌均匀。

6. 把烤箱预热，面糊装入纸杯中约七分满，以 170℃的温度烤 30 分钟。

7. 将火龙果对半切开，用勺子挖 2 块果肉放入料理机打碎成汁，剩下的火龙果肉切成丁。

8. 淡奶油分 2 次加入 10 克细砂糖打发到有纹路。

9. 接着把火龙果汁倒入奶油中，搅拌均匀上色后装入裱花袋。

10. 取出烤好的蛋糕，将奶油挤入杯体中，最后再点缀上火龙果丁。

好吃！
唤醒懒人的早餐系点心

CHAPTER

伴着暖暖的阳光，唤醒你的味蕾，
享受一顿甜甜的早餐。

Number

# 16

厚 实 的 果 肉 ╱ **苹果沙妮**

苹果沙妮，一款水果蛋糕。
将苹果直接放入蛋糕中烤制，
软软的蛋糕加上沙沙的苹果，
甜而不腻，让人根本停不下口。

## 材料

低筋面粉 80 克，黄油 90 克，
鸡蛋 3 个，苹果 2 个，泡打粉 8 克

## 做法

1.  用小块黄油将模具的内部涂一下，方便最后脱模。

2.  苹果去皮切大块（一瓣苹果切成 3 块），放进模具底部。

3.  隔水熔化黄油，再将细砂糖放进去，用黄油的温度让细砂糖溶化。

4.  搅拌均匀后，将鸡蛋分次加进去，每次等鸡蛋搅拌均匀再加入。

5.  将低筋面粉、泡打粉过筛后加进去。

6.  将搅匀好的面糊倒入模具中，敲击模具震出气泡。

7.  烤箱预热，以上下火 150℃的温度烤 30 分钟，取出晾凉，脱模即可。

跟着视频
学烘焙

Number
# 17

风靡吃货圈 ／ **奶酪包**

曾经风靡一时的奶酪包，
现在自己在家也可以想吃就做啦~
奶油奶酪的微酸中带着一丝细砂糖的甜味，
配上奶香味，丰富多样的口感一定能满足你的味蕾！

跟着视频
学 烘 焙

## 材料

高筋面粉 350 克，牛奶 190 毫升，细砂糖 45 克，黄油 30 克，
酵母 3 克，盐 1 克，鸡蛋 1 个，
奶油奶酪 100 克，奶粉 70 克，糖粉 10 克

## 做法

1. 将高筋面粉、170 毫升牛奶、25 克细砂糖、酵母和鸡蛋放入搅拌机中混合均匀，搅拌成面团。

2. 加入黄油和盐，将面团揉至起筋，并且可以拉伸出薄膜的状态。

3. 将面团盖上湿布，于室温中发酵，直至面团变为 2 倍大。

4. 在面团中心用手指按一下，没有明显的回弹即可。

5. 然后进行揉面排气，排气后再将面团揉圆，继续放在模具中进行二次发酵。

6. 将发好的面团放入烤箱，用上下火 170℃的温度烤制 30 分钟。

7. 在发现奶酪包表面呈色后，打开烤箱，直接加盖一层锡纸。

8. 在奶油奶酪中加入 20 毫升牛奶、20 克奶粉和 20 克细砂糖，隔水加热搅拌均匀，制成奶酪夹馅。

9. 将烤好的面包切成小块，中间再切一刀。

10. 往切口内部涂上奶酪馅，同时将切面表面涂抹上奶酪馅。

11. 将奶粉和糖粉混合均匀，然后把糖粉奶粉混合物均匀包裹在切面处。

12. 最后往奶酪包表面撒上细砂糖粉和奶粉的混合物即可。

# 18

异国风味 / **巴西奶酪小面包**

这款奶酪小面包别看它个头小，
它可是南美随处可见、随处可吃的国民美食哟～
外面表皮是香香脆脆的，里面的心是软软糯糯的，
口感介于年糕和麻薯之间，非常好吃。

## 材料

木薯淀粉 200 克，水 100 毫升，牛奶 100 毫升，鸡蛋 1 个，
色拉油 45 毫升，马苏里拉芝士 60 克

## 做法

1. 将水、牛奶、色拉油倒入小锅中，小火加热至快开时关火。

2. 将加热的液体倒入木薯淀粉中搅拌，直至看不到明显的木薯淀粉。

3. 往面糊中倒入打散的鸡蛋液，继续搅拌均匀。

4. 再加入马苏里拉芝士，继续搅拌至均匀。

5. 根据模具大小，将面糊团成小球，放入烤制模具中。

6. 烤箱以上下火 170℃的温度烤制 20 分钟，直到奶酪小面包表面微微泛
   黄就可以出炉了。

跟着视频
学 烘 焙

# 19

餐桌上的华丽 / **面包秀**

顶层的新鲜水果、奶香冰激凌和浓郁的巧克力酱,
下方是烤得金黄的面包条。
一整个面包像是一个重重惊喜的大礼包!

跟着视频
学烘焙

## 材料

吐司面包 1 个，黄油 25 克，蜂蜜 15 克，香蕉 1 根，
冰激凌、车厘子、葡萄、饼干、巧克力酱各适量

## 做法

1. 用刀将吐司面包沿边划 4 刀，把中间的面包芯挖出来。

2. 将面包芯切片，再切成条状。

3. 取黄油隔水熔化，加入蜂蜜，搅拌至均匀。

4. 用小刷子蘸取部分黄油蜂蜜，一层一层刷在面包条及挖出的面包边缘上。

5. 刷好后将面包条再摆回面包中，还原成吐司的样子。

6. 烤盘里铺一张锡纸，放上面包。

7. 将烤盘放进预热好的烤箱，以 180℃的温度烤制 10 分钟左右，待其表面烤至金黄时取出。

8. 往烘烤好的面包上加入冰激凌、葡萄、香蕉、车厘子、饼干，最后淋上巧克力酱即可。

咸香滋味 / **金枪鱼面包**

一款适合做早餐的营养美味面包，
烤得脆脆的面包上包着浓郁的沙拉酱，
以及咸香的金枪鱼肉。
口感丰富有层次，
作为早餐是一个不错的选择。

## 材料

法棍 1/2 根，金枪鱼 1 罐，黑胡椒粉适量，
奶酪少许，沙拉酱适量

## 做法

1.　在金枪鱼中加入奶酪，用勺子将它们搅拌均匀。

2.　加入沙拉酱，充分搅拌至馅料变得湿润黏稠，再加入少许黑胡椒粉调味。

3.　把法棍切成 1 厘米厚的片状，注意不要切得太厚。

4.　在面包上涂上一层沙拉酱，接着把拌好的金枪鱼酱料涂上去，用刀抹平，
　　再放点奶酪，放入烤盘。

5.　入烤箱，以上下火 180℃的温度烤制 10 分钟左右。

6.　取出烤好的面包，装盘即可。

跟着视频
学烘焙

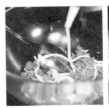

# 21

法 式 浪 漫 ╱ **奶 香 片**

这款奶香片做法比较偏法式，
吃起来非常香甜。
一个法棍能做出很多来，
烤上一盘，大人小孩都爱吃。

跟着视频
学烘焙

材料

法棍 1 根，淡奶油 150 毫升，细砂糖 100 克，黄油 150 克，
蛋清 60 克，炼乳 30 克

做法

1. 在碗中加入细砂糖和淡奶油，隔水加热，搅拌均匀。

2. 等温度升高时，加入黄油一起溶化，搅拌均匀。

3. 微微放凉后加入炼乳，再分次加入蛋清，搅拌均匀制成蛋液。

4. 将法棍斜切成 1 厘米左右的片状。

5. 将面包片泡在蛋液里，让它吸收蛋液，取出，挤去一些多余的汁液，避免浪费。

6. 烤箱无须预热，将面包片放入烤箱以上火 180℃ 的温度先烤 15 分钟，然后取出翻面。

7. 接着再以 170℃ 的温度烤 7 分钟即可。

混 搭 的 时 尚 / **面包布丁**

这款面包布丁，烤完后趁热吃别有一番滋味，
更别说面包烤过之后脆脆的口感，
真是吃多少都不会腻，根本停不下来。

## 材料

吐司 2 片，牛奶 250 毫升，鸡蛋 2 个，细砂糖 40 克，
淡奶油 50 毫升，椰蓉、蓝莓各适量

## 做法

1. 将鸡蛋加细砂糖打散，让细砂糖溶化在蛋液中。
2. 倒入牛奶和淡奶油，再次混合均匀。
3. 搅拌均匀后，将布丁液过筛。
4. 吐司切成小块放进烤碗里，浇上布丁液。
5. 在烤盘里加上 1 ~ 2 厘米高度的水，放上烤碗，以 150℃的温度烤制 30 分钟。
6. 取出烤好的面包布丁，最后装饰上椰蓉和蓝莓就完成了。

跟着视频
学烘焙

# 23

黑色的魔力 / **巧克力布朗尼**

据说是做巧克力蛋糕时，
因忘记打发奶油而做出的意外的惊喜，
口感湿润绵密。

跟着视频
学烘焙

## 材料

鸡蛋 220 克，细砂糖 250 克，低筋面粉 118 克，黄油 600 克，巧克力 650 克，核桃仁、牛奶、巧克力、火龙果、猕猴桃各适量，绿叶 1 片

## 做法

1. 将室温软化的黄油用小刷子刷在模具的内壁，再剪一块油纸垫在模具的底部。

2. 把全部的黄油和 650 克巧克力一起隔水熔化。

3. 鸡蛋和细砂糖倒入厨师机中，将其打发到鸡蛋液呈浅浅的黄色。

4. 倒入事先过筛的低筋面粉，继续搅拌成细腻的面糊。

5. 倒入熔化好的黄油巧克力酱搅匀，制成巧克力面糊。

6. 将核桃仁撒在模具最底部，再倒入巧克力面糊，用刮刀抹平，震动模具。

7. 预热烤箱，以上火 170℃、下火 150℃的温度烤制 30 分钟。

8. 取出烤好的蛋糕脱模切块，再把巧克力和牛奶按照 1 ：1 的比例调成酱汁淋在蛋糕表面，待其凝固。

9. 处理好火龙果和猕猴桃，将其摆放在盘中，加以绿叶点缀即可。

Number
# 24

扯 不 断 的 爱 恋 / **芝 士 焗 红 薯**

芝士就是力量，这句话说的太对了。
在阳光明媚的清晨，
用浓郁的奶香唤醒沉睡的味蕾。

## 材料

红薯 1 个，芝士 50 克，黄油 10 克，细砂糖 10 克

## 做法

1. 红薯洗干净，去皮，切成片。

2. 蒸锅内倒入水，煮开后放入红薯片，蒸 10 分钟。

3. 将蒸熟的红薯取出来，放在一个大碗里，再放入黄油和细砂糖，拌均匀。

4. 芝士先切 1 片放旁边待用，剩下的切成 0.5 厘米左右的小丁。

5. 把芝士丁放进红薯泥中，拌均匀。

6. 将拌好的芝士红薯放入烤碗中，放上之前切好的芝士片。

7. 进烤箱以 170℃ 的温度烤 5 ～ 8 分钟，直至芝士熔化，表面烤出小块深黄的壳，就完成了。

跟着视频
学烘焙

Number

# 25

浓 郁 的 味 道 ╱ **葱香肉松面包**

葱香肉松面包，咸味面包中的"小霸王"，

无人不知、无人不晓！

用沙拉酱让面包周围裹上满满的肉松，

光是想象一下，就无比诱人呢！

跟着视频
学 烘 焙

## 材料

高筋面粉 200 克，酵母 3 克，黄油 12 克，盐 2 克，
细砂糖 35 克，全蛋液、温水、肉松、葱花、沙拉酱各适量

## 做法

1. 把高筋面粉、盐、细砂糖拌好。

2. 在混合物中间挖一个小洞，放入酵母，再加少许温水溶开酵母。

3. 接着将温水一点点的加入，边加边搅拌。

4. 把面倒在揉面垫上按压、揉面，揉搓 20 分钟，面团就完成了。❀

5. 分 3 次加入黄油，每一次都要让黄油吸收进面团里，再放下一次。直到
   揉至面团能撑开出薄薄一层膜，就是成功了。

6. 将面团放入碗中，盖上一条湿纱布，防止其表面风干。

7. 在烤箱下层放一碗热水，把面团放进烤箱中层，关上烤箱门，不加热，
   让面团在温暖潮湿的地方自行发酵。

8. 发酵 2 ~ 3 小时后，取出发酵好的面团，再次揉面排气。

9. 将面团放在油纸上用擀面杖擀平，尽量让面团与烤盘形状接近。

10. 把面团放入烤盘进行二次发酵，二次发酵 1 ~ 2 小时。

11. 面皮上用叉子叉出小孔，刷上全蛋液，再撒上葱花。

12. 烤箱预热后，以 170℃的温度烤 15 分钟。

13. 取出烤好的面包稍微晾凉，切掉边角，再切成小长方形，涂上沙拉酱，
    裹上肉松即可。

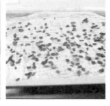

| 微 | 体手记 ×

❋ 面团一定要揉到可以拉出薄膜，这样烤出来的面包口感才会松软。

纸杯即视感 / **淡奶油小蛋糕**

烤制时圆鼓鼓的小蛋糕，烤熟后微妙地缩瘪，
即使没有放一点点油，口感也是相当绵软可口。
配上小纸杯模具，纸杯蛋糕的即视感，
是下午茶的不二之选。

跟着视频
学美食

材料

淡奶油 100 毫升，低筋面粉 40 克，鸡蛋 3 个，细砂糖 35 克，
草莓数颗，柠檬汁、糖粉各适量

—————— 做法 ——————

1.  分离蛋清和蛋黄。

2.  往蛋黄中加入 10 克细砂糖，用搅拌机打发至略微发白。

3.  加入淡奶油，继续打发至呈奶黄色。

4.  将低筋面粉筛入蛋奶液中。

5.  用刮刀将面粉与蛋奶液搅拌均匀。

6.  在蛋清中加入几滴柠檬汁，打发至出现大气泡。※

7.  分 2 次加入 25 克细砂糖，继续打发，打发至拿起打蛋器蛋清不掉落且
    形成小尖状。

8.  先将 1/3 的打发蛋清倒入打发好的蛋黄糊中，用刮刀呈十字方向搅拌。

9.  再将拌好的混合物倒入剩下的蛋清中，继续十字搅拌，混合均匀。

10. 在模具中放上纸杯模具。

11. 将混合物放入裱花袋，挤入模具中。

12. 完成后震动几下模具，排出气泡。

13. 烤箱预热至 160℃，往烤箱中加入温水，利用水浴法防止蛋糕过干。

14. 烤制 25 分钟后取出，用牙签戳一戳，没有液体残留就代表熟了。

15. 最后装饰上草莓，撒上糖粉即可。

/ 微 / 体手记 ×

※ 打发时，要注意容器里一定要一滴水
都没有，不然会影响打发。

赴一场优雅的
下午茶派对

CHAPTER

唤上三五好友，
在这惬意的午后时光里，
品味下午茶的百变滋味。

Number

# 27

小资情结 ／ **舒芙蕾**

繁忙的工作和生活中应当放松心情，
来一次说走就走的旅行，
或选择一个悠闲的下午放空自己。
一个舒芙蕾，一杯咖啡，一个新故事的开始。

跟着视频
学烘焙

## 材料

黄油 18 克，细砂糖 35 克，高筋面粉 18 克，牛奶 105 毫升，鸡蛋 2 个

## 做法

1.  用软化的黄油涂抹烤碗壁，再倒入细砂糖沿着碗壁转一圈，使碗壁沾上一层细砂糖，多余的细砂糖倒出。
2.  将黄油隔热水熔化，筛入高筋面粉，趁着黄油的热度将面粉搅拌均匀。
3.  在锅中倒入牛奶，加入细砂糖，搅拌均匀煮沸。
4.  将煮沸的牛奶倒入之前拌好的黄油面粉中，继续搅拌均匀，再放回煮牛奶的锅中。
5.  继续用小火加热，一直到面糊变得黏稠。
6.  把黏稠的面糊倒出来冷却，一边等待面糊冷却，一边分离 2 只鸡蛋。
7.  取蛋黄倒入冷却的面糊中，搅拌均匀。
8.  蛋清分 3 次加细砂糖打发，打发至湿性发泡。
9.  挖 1 勺打发好的蛋清放进面糊中拌匀，再将拌匀的面糊倒回剩下的蛋清中，搅拌均匀。
10. 将制好的面糊装进烤碗，约八九分满。
11. 预热烤箱，以 190℃的温度烤制 10 分钟后，出炉。

Number

# 28

味蕾双重奏 ／ **奶酪布丁**

布丁是甜品里经典中的经典，也是很多人的心头爱。
加了奶酪的布丁，风味更是浓厚。
做好后在冰箱放一晚第二天吃，
奶味十足，奶酪香醇，夏日午后甜品，非它莫属！

## 材料

奶油奶酪 50 克，淡奶油 100 毫升，牛奶 140 毫升，细砂糖 30 克，
鸡蛋 1 个，柠檬汁 3 毫升，蓝莓酱、薄荷叶各适量

## 做法

1.  奶油奶酪隔水加热，在其化开的过程中加入细砂糖，用打蛋器搅打均匀
    至无颗粒的状态。
2.  加入牛奶、淡奶油继续拌均匀。
3.  将鸡蛋打散，倒入混合液中再搅拌均匀。
4.  过筛蛋液，加入柠檬汁使布丁液变得浓稠，然后倒入烤碗里。
5.  烤箱预热，在烤盘里加上水，1 ~ 2 厘米的高度，把烤碗放在烤盘中以
    150℃的温度，烤 40 分钟。
6.  取出烤好的布丁，点缀上蓝莓酱和薄荷叶。

跟着视频
学烘焙

Number

# 29

经典焦香味 ／ **焦糖布丁**

布丁作为果冻的一种，一直以弹牙爽滑的口感，
深受甜品控们的喜爱。
最经典款——焦糖布丁，
看着简单吃着美味，做起来还是需要下一番功夫的。

跟着视频
学烘焙

## 材料

牛奶 300 毫升，细砂糖 60 克，鸡蛋 3 个，香草精 5 滴，
冷水 25 毫升，热水 25 毫升

## 做法

1.  将牛奶和 30 克细砂糖倒入锅中，小火加热使细砂糖溶化。
2.  加入香草精后搅拌均匀，离火备用。
3.  将鸡蛋打散，倒入牛奶，慢慢搅拌，过筛 2 次，除去蛋筋、杂质和气泡。
4.  将 30 克细砂糖和 25 毫升冷水下锅小火煮沸，不用搅拌，轻轻晃动锅子，让焦糖受热均匀。
5.  等到液体颜色变深后离火，加入 25 毫升热水，再继续加热至沸腾。
6.  趁热往烤碗底部倒上一层焦糖汁，再倒上布丁液。
7.  有盖子的烤碗盖上盖子，没有盖子的盖一层锡纸。
8.  往烤盘上倒入热水，利用水浴法，以上下火 160℃的温度，烤制 40 分钟。
9.  将烤好的布丁取出放凉，放入冰箱冷藏 2 小时以上。
10. 脱模时先用小刀沿着烤碗四周划一圈，再用盘子接着倒扣出来，即可完整脱模。

弹牙爽滑 ╱ **芒果布丁**

一款非常好吃又简单的芒果布丁，
如鸡蛋般嫩滑，奶香味十足，
这个夏天再也不孤单了。

## 材料

芒果1个，鸡蛋1个，黄油30克，细砂糖60克，水110毫升，冰块110克，
牛奶110毫升，椰浆110毫升，吉利丁3片，芒果丁、巧克力酱各适量

## 做法

1. 芒果切成丁，吉利丁片提前用水泡软。

2. 在锅内倒入水、黄油和细砂糖，加热搅拌至溶化，放入泡软的吉利丁片。

3. 关火，将锅拿下来，放入牛奶、椰浆、冰块和鸡蛋搅拌。

4. 取一圆底的容器，放入芒果丁，再倒入布丁液，然后放入冰箱冷藏2小时。

5. 准备一碗热水，将盛放布丁的容器底部放在热水中泡一下，就可以将布丁倒扣在盘子上了。

6. 在布丁表层倒上一圈牛奶，淋上巧克力酱，放上芒果丁点缀即可。

跟着视频
学烘焙

Number

# 31

美味下午茶 ／ **芬兰吉士蛋糕**

柔软的蛋糕填上了好吃到流油的吉士酱，
表面涂上满满的鸡蛋，
烤得微微起壳，层层叠加的好滋味！

跟着视频
学烘焙

## 材料

低筋面粉 300 克，细砂糖 200 克，牛奶 100 毫升，鸡蛋 6 个，
即溶吉士粉 80 克，黄油 20 克，炼乳 20 克，蛋糕油 15 克

## 做法

1. 将鸡蛋打入厨师机中，加入细砂糖，用中速拌至细砂糖化。

2. 加入低筋面粉和蛋糕油，先用慢速搅拌至面粉拌匀，然后用中高速搅拌，将面糊搅拌至稍微变白，成酸奶样的流动状。

3. 将烤盘铺上烤盘纸后，均匀的将蛋糕液铺在烤盘内，用刮板整理平整。

4. 将烤箱升温 170℃，预热 5 分钟后，将蛋糕液放入烤箱，烤制 13 分钟。

5. 烤好后取出蛋糕，放置一旁冷却备用。

6. 将吉士粉和牛奶倒入碗中拌匀，再加入室温软化的黄油和炼乳拌匀，制成吉士酱。

7. 将蛋糕用刀从中间一分为二，在其中一块蛋糕上涂满拌好的吉士酱。

8. 将另一层蛋糕整齐的叠上去，上面均匀的涂满吉士酱，然后刷上蛋黄液。

9. 预热烤箱，以 180℃的温度烤 10 分钟左右。

10. 烤好后取出蛋糕，切成长方形的块状即可食用。

Number

# 32

奶 香 四 溢 ╱ **岩 烧 乳 酪**

自己在家就能轻松做出来的岩烧乳酪，
烤过的吐司口感香脆，加上奶味十足的酱，
不要太好吃！

## 材料

吐司 4 片，芝士片 3 片，黄油 40 克，淡奶油 40 毫升，细砂糖 20 克

## 做法

1.  用模具将吐司压成花朵的形状，多余的面包边用刀切掉。
2.  准备一锅热水，将细砂糖和黄油倒入玻璃碗中隔水加热至细砂糖和黄油完全溶化。
3.  将芝士片加入黄油液中，搅拌均匀。
4.  取出玻璃碗，倒入淡奶油趁热搅拌，制成乳酪汁。
5.  待乳酪汁冷却凝成更为厚实的膏体后，将乳酪汁均匀涂在吐司上。
6.  烤盘铺上油纸，将涂好的面包放入烤箱，以 200℃ 的温度烤制 10 分钟左右。
7.  等到吐司表层慢慢泛出焦糖的花纹，取出装盘就完成了。

跟着视频
学烘焙

Number

# 33

轻松搞定 ／ **轻乳酪蛋糕**

清爽的糕体,
伴着淡淡的奶香,
吃起来别有一番风味。

跟着视频
学烘焙

奶油奶酪 250 克，全脂牛奶 160 毫升，黄油 50 克，鸡蛋 5 个，
细砂糖 80 克，低筋面粉 40 克，玉米淀粉 20 克

做法

1.  将 5 个鸡蛋的蛋清和蛋黄都分开。
2.  把黄油、奶油奶酪、全脂牛奶一起隔水加热，搅拌至黄油和奶油奶酪全部化开。
3.  分次加入 5 个鸡蛋黄，每加 1 个都要打散拌匀。
4.  将低筋面粉和玉米淀粉筛入蛋黄液中，用刮刀拌匀，制好的面糊再过一遍筛。
5.  蛋清中分 3 次加入细砂糖，打发至湿性发泡，即盆倒扣过来蛋清也不会掉落的状态。
6.  拿一小块黄油涂抹在模具底部和内壁上，在底部放上一张油纸，方便烤好后脱模。
7.  以 180℃的温度预热烤箱。
8.  将打发好的蛋清和面糊混合，由下而上搅拌，动作要轻，别让蛋清消泡。
9.  烤盘内倒入冷水，大概 1 ~ 2 厘米高，放在烤箱下层。
10. 活底模包上锡纸，倒入拌好的面糊，放在中层的烤架上，隔开烤盘的水。
11. 以 180℃的温度烤 20 分钟，让表层上色，再改 150℃的温度烤 40 分钟。
12. 取出烤好的轻乳酪蛋糕，放在冰箱冷藏 2 小时以上再吃。

# 34

甜 点 控 最 爱 ／ **雪 媚 娘**

雪媚娘可是很多甜点控的最爱，
也是非常容易学会的。
新手小白们不妨试试这款雪媚娘，
不仅简单还十分好吃哦！

## 材料

糯米粉 150 克，玉米淀粉 55 克，澄粉 20 克，细砂糖 190 克，椰浆 100 毫升，
牛奶 75 毫升，水 150 毫升，淡奶油 20 毫升，草莓适量

## 做法

1.  将糯米粉、澄粉、玉米淀粉倒入碗中。

2.  接着倒入 110 克细砂糖、椰浆、牛奶和水，将它们搅拌均匀。

3.  将搅拌好的面液过筛后倒入容器中，放入锅中蒸 40 分钟。

4.  把蒸好的面团拿出，待其冷透。

5.  淡奶油加 80 克细砂糖打发，草莓切丁后倒入打发好的奶油中搅拌均匀。

6.  在揉面垫上撒些手粉防止粘底，放上面团，切块，搓成长条，然后切小块，擀成圆形的面皮。

7.  在擀好的面皮上放入奶油馅心，收口就完成了。

跟着视频
学烘焙

Number
# 35

粒 粒 分 明 ／ **樱 桃 派**

樱桃被誉为"水果中的钻石",
它的含铁量比苹果高 20 ~ 30 倍。
樱桃里的褪黑激素具有双倍的抗衰老作用,
是名副其实"美味又美丽"的水果。

跟着视频
学 烘 焙

## 材料

低筋面粉 100 克，黄油 50 克，细砂糖 80 克，鸡蛋 1 个，樱桃 300 克，玉米淀粉 10 克，凉白开 100 毫升，盐 1 克，柠檬汁 5 毫升，奶油适量

## 做法

1. 用筷子从樱桃底部戳进去，去掉樱桃核。
2. 所有樱桃去核后，加入 35 克细砂糖拌匀，盖上保鲜膜腌制 2 ~ 3 小时。
3. 取出腌制好的樱桃，滤出樱桃汁。
4. 将凉白开倒入腌制出来的樱桃汁中，加入柠檬汁、盐、玉米淀粉一起加热，熬成汁后浇在樱桃上。
5. 把制好的樱桃放凉待用。
6. 黄油室温软化后，加入 45 克细砂糖，用打蛋器打发至膨松。
7. 加入鸡蛋，继续打发至均匀。
8. 筛入低筋面粉，用刮刀拌匀，制成一个面团。
9. 用保鲜膜包裹住面团，放入冰箱冷藏 30 分钟。
10. 取出冷藏好的面团，将其正反都铺上保鲜膜，防止粘黏。
11. 用擀面杖擀平面团，厚度 2 ~ 3 毫米。
12. 用模具按出一块面饼，放入模具里，铺均匀并压实，用叉子在底部戳一些小孔。
13. 预热烤箱，把模具放入中层，以上下火 180℃的温度烘烤 15 分钟。
14. 取出烤好的挞皮，放上樱桃，挤上奶油，最后放上一颗樱桃点缀就完成了。

Number

# 36

细腻的口感 ／ **香滑栗子泥**

难道栗子一定要炒着吃吗?
在吃栗子的时节,来点香滑口感的栗子泥吧!
百搭的栗子泥,不管是抹面包还是做蛋糕,
都是那么好吃。

## 材料

栗子 350 克，黄油 10 克，细砂糖 10 克，清水、彩珠糖各适量

## 做法

1. 用剪刀在栗子的尖头处剪一个小口。
2. 冷水入锅，倒入栗子，10 分钟后栗子开口，捞出。
3. 趁热剥去栗子的外壳和表皮，可以稍稍放凉再做处理，以防烫手。
4. 把剥好的栗子全部倒进料理机中，倒入适量的水搅拌成栗子泥。
5. 取一口不粘锅，倒入栗子泥，中火加热至微微冒气泡时，放入细砂糖不停搅拌，改成小火，防止烧糊。
6. 边加热边搅拌，搅拌至细砂糖溶化。
7. 加入黄油继续搅拌，搅拌至两者完全融合，栗子泥收干水分变得黏稠。
8. 将栗子泥放凉，放入裱花袋中，按顺时针在盘中挤成小花，最后撒些彩珠糖点缀即可。

跟着视频
学烘焙

Number
# 37

丰 富 的 口 感 ╱ **水果塔**

香香脆脆的塔皮，
装着卡仕达酱及满满的水果。
一口咬下去，多种美味在嘴里。

跟着视频
学烘焙

--- 材料 ---

低筋面粉 200 克，黄油 100 克，细砂糖 90 克，鸡蛋 1 个，
牛奶 150 毫升，蛋黄 2 个，玉米淀粉 10 克，草莓、猕猴桃各适量

--- 做法 ---

1.  黄油室温软化后加入 60 克细砂糖，打发至膨松。

2.  加入鸡蛋，继续搅拌。

3.  筛入低筋面粉，将其揉成表面光滑的面团。

4.  面团盖上保鲜膜，放入冰箱中冷藏 1 小时，使面团松弛。

5.  取出面团，擀成 3 毫米左右厚的薄片。

6.  用模具压出形状，将分割好的薄片放入模具压实，放在烤盘上。

7.  烤箱预热，放入烤盘，以上下火 180℃的温度烤制 20 分钟。

8.  在蛋黄中加入 30 克细砂糖，打发至呈淡黄色的液体。

9.  加入牛奶，搅拌均匀后倒入锅中，小火加热。

10. 筛入玉米淀粉，慢慢搅拌将液体加热成糊状，晾凉，即为卡仕达酱。

11. 将草莓和猕猴桃切成小块备用。

12. 将放凉的卡仕达酱装入裱花袋，挤入塔皮约八分满。

13. 最后放上满满的水果就完成了。

# 38

每 天 好 心 情 ╱ **笑 脸 比 萨**

好吃又好玩的比萨来啦，
让微笑在生活中绽放，
祝大家周末快乐！

## 材料

低筋面粉 50 克，高筋面粉 30 克，酵母 1 克，盐 1 克，奶粉 4 克，温水少许，马苏里拉芝士 60 克，番茄酱 20 克，牛肉丸 4 个，豌豆、玉米粒、色拉油各适量

## 做法

1. 将两种面粉过筛，加入盐和奶粉，在中间挖一个小洞，放上酵母，倒入温水揉面，先溶开酵母，再充分混合，然后放适量的油揉匀。

2. 揉至面团外表光滑后，放在温暖潮湿的地方发酵约 30 分钟。

3. 面团发酵完成后拿出来揉搓排掉空气，用擀面杖擀成圆形。

4. 在模具底部刷上油，然后把面饼放进去整形，在其表层刷上番茄酱。

5. 将马苏里拉芝士切成小块，取 1/3 铺在面饼上，放上豌豆和玉米粒。

6. 再排上切成一半的牛肉丸，摆成笑脸的样子，最后铺上剩余的芝士。

7. 预热烤箱，把比萨放入烤箱中层，以 180℃的温度烤 15 分钟即可。

跟着视频
学烘焙

Number

# 39

特色美食 / **广式手工蛋挞**

简单版蛋挞,超级容易上手。
别再买半成品挞皮啦,
来个全手工的吧!

跟着视频
学烘焙

---- 材料 ----

黄油 35 克，细砂糖 70 克，鸡蛋 20 克，低筋面粉 100 克，
牛奶 200 毫升，淡奶油 120 毫升，蛋黄 100 克

---- 做法 ----

1. 黄油室温软化后加 30 克细砂糖揉匀，再加入鸡蛋揉匀。

2. 加入面粉，揉搓成团。

3. 面团按扁，铺一层油纸在上面防止粘黏，接着用擀面杖把面团擀成 3 毫米左右的厚度。

4. 选一个杯口比模具稍大的杯子，用力按下去，完全把面皮分离开。

5. 把圆面皮放进模具中并整理好，做成数个挞皮，注意边边角角也要修平整。

6. 用牙签或者叉子在面皮上扎出小孔，避免烤过以后的挞皮底部有气泡鼓出来。

7. 将淡奶油、牛奶和 40 克细砂糖一起隔水加热，使细砂糖完全溶化。

8. 分次加入蛋黄，每加一次都要搅拌均匀，最终变成淡黄色的蛋挞液。

9. 将蛋挞液过筛 2 ~ 3 遍，过滤掉蛋挞液中的小颗粒。

10. 蛋挞液倒入模具中约九分满。

11. 预热烤箱，以上火 200℃、下火 220℃的温度烤制 15 分钟。

12. 取出烤好的蛋挞即可食用。

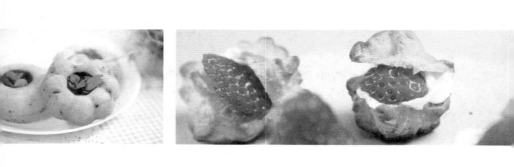

暖心又暖胃的
治愈系小食

CHAPTER

精致诱人的小食在舌尖上跃动，
空腹带来的不适瞬间就被这些美食
治愈，这样暖心又暖胃的小食谁又
能抵挡的住呢？

Number
# 40

精致又可口 ╱ **沙瓦琳**

法式巧克力小蛋糕，
可爱的造型，湿软的口感，
还有让你超满足的巧克力，怎能不爱呢!

材 料

低筋面粉 30 克，杏仁粉 50 克，细砂糖 80 克，巧克力碎 10 克，黄油 55 克，
蛋清 3 个，淡奶油 50 毫升，巧克力 50 克，杏仁适量

做 法

1. 将蛋清和 20 克细砂糖打发均匀。
2. 放入过筛好的低筋面粉和杏仁粉，再倒入 60 克细砂糖，顺着一个方向
   搅拌。
3. 黄油隔水熔化倒入蛋糕液中搅拌，然后倒入巧克力碎搅拌均匀。
4. 将蛋糕液倒入裱花袋中，再将其挤入沙瓦琳模具。
5. 把模具放入烤箱，以上下火 190℃的温度，烤制 20 分钟。
6. 熔化巧克力块，将淡奶油分多次倒入，搅拌制成馅心。
7. 将馅心挤入烤制好的沙瓦琳中间的凹槽中，最后用杏仁点缀即可。

跟着视频
学 烘 焙

Number

# 41

媲美甜甜圈 ／ **车轮泡芙**

圆圆的车轮泡芙，听名字就很有趣。
大个头的泡芙像甜甜圈，口感香脆还有好吃的奶油，
快去做一个有趣又好吃的泡芙吧！

跟着视频
学 烘 焙

## 材料

低筋面粉 100 克，水 160 毫升，黄油 80 克，细砂糖 55 克，
鸡蛋 3 个，鲜奶油 100 克，杏仁片、糖粉各适量

## 做法

1. 水、黄油、5 克细砂糖放入锅中，中火加热，中途不断地搅拌，等水沸腾后转小火。

2. 锅中筛入低筋面粉，快速搅拌，将面粉烫熟。

3. 搅拌至面糊不粘锅，即可熄火。

4. 面糊分次加入 3 个鸡蛋，每次都要等鸡蛋完全被面吸收后再加下一个。

5. 将搅拌好的面糊装入裱花袋中，放至一边待用。

6. 烤盘先涂一层黄油，再在上面撒上面粉，防止粘底。

7. 用圆形的模具或杯口在烤盘上刻一个印子。

8. 然后将面糊顺着圆形的记号挤在烤盘上，注意记号之间要留点空隙，防止烘烤时泡芙膨胀粘连在一起。

9. 手沾点水涂在面糊的连接处，然后撒上杏仁片。

10. 预热烤箱，以上下210℃的温度烤制 10 分钟后转至 180℃烤制 20 分钟。

11. 鲜奶油加 50 克细砂糖打发至有纹路，制成奶油馅心。

12. 烘烤完成后，取出泡芙晾凉，然后将其横着切开，填上奶油。

13. 最后筛上糖粉就完成了。

超级可爱 / **迷你小泡芙**

爱吃泡芙，外表酥脆，内馅甜软，
一口下去感觉特别美妙。
吃泡芙会上瘾，特别是自己现做现填的泡芙，
嘎嘣脆的外壳，顺滑的内馅甜到心里。

## 材料

低筋面粉 100 克，水 160 毫升，黄油 80 克，细砂糖 35 克，鸡蛋 3 个，草莓适量

## 做法

1. 将水、黄油和 5 克细砂糖放入锅中，中火加热，搅拌至沸腾时转小火。

2. 转小火后筛入低筋面粉，快速拌匀，把面烫熟，搅拌到面不粘锅，关火。

3. 把面放入容器中冷却，等到温度降下来后，分次打入鸡蛋，等面吸收后再打下一个，面糊做好后装入裱花器。

4. 在烤盘上铺上烤纸或者锡纸，挤上一个个泡芙坯，小尖尖可以用手沾水按平，避免烤焦。

5. 预热烤箱，以 210℃的温度烤 10 分钟，让泡芙膨胀、上色。

6. 接着转 180℃，再烤 20 ～ 25 分钟，切记中途千万别开烤箱。

7. 淡奶油加 30 克细砂糖打发，打发到有纹路。把泡芙从中间切开，挤上奶油，再用小块草莓点缀，盖上另一半的泡芙即可。

跟着视频
学烘焙

## Number
# 43

杯 子 也 能 吃 ╱ **曲奇杯**

这样喝牛奶，连杯子都不用洗了！
现在流行的曲奇杯，微体社区做给大家看，
多一个参考，多一份乐趣。

跟着视频
学烘焙

低筋面粉 100 克，黄油 70 克，细砂糖 30 克，红糖 20 克，
蛋黄 1 个，奶粉 30 克，黑巧克力 100 克，牛奶适量

做法

1. 黄油室温软化后，用小刷子蘸一些均匀刷在烤碗壁上。
2. 剩下的黄油用打蛋器打散，打发至膨松。
3. 在黄油中加入细砂糖、红糖继续打发，再加入蛋黄，接着打匀。
4. 然后筛入面粉和奶粉，用刮刀拌匀。
5. 将混合好的面糊倒在不粘垫上，揉成一个面团。
6. 用保鲜膜包裹面团，放入冰箱冷藏 20 分钟。
7. 取出面团，分出部分揉成团放进烤碗中，用擀面杖慢慢的压，做出杯子形状，注意整个杯子饼干的厚度大概在 0.5 厘米左右。
8. 最后去掉多余的面团。
9. 预热烤箱，将烤碗放入烤箱中层，以 175℃的温度烤 18 分钟。
10. 巧克力隔水加热后，刷在曲奇杯子里面，然后放进冰箱冷藏，使巧克力凝固。
11. 取出冻好的曲奇，倒入牛奶，即可享用。

# 44

薄脆好滋味 / **杏仁瓦片**

超级简单的快手饼干，
前期的准备过程只需要十来分钟，
薄脆的小饼干一咬全是杏仁片，
好奢侈，吃过就会爱上！

## 材料

生杏仁片 150 克，黄油 35 克，蛋清 50 克，细砂糖 75 克，低筋面粉 15 克

## 做法

1. 先将黄油熔化成液体，倒入碗中，加入细砂糖，用打蛋器搅拌均匀。
2. 然后倒入低筋面粉，继续搅拌均匀。
3. 加入生杏仁片，用手轻轻搅拌，让每个杏仁片都均匀的裹上面糊。
4. 烤盘擦拭干净，抓一点杏仁片摆放在烤盘上，每一份杏仁片留有间隙。
5. 手指蘸取少量的蛋清，将杏仁片拍成扁片状。
6. 烤箱温度调至170℃,预热5分钟后,将杏仁饼干放入烤箱,烤制10分钟。

跟着视频
学烘焙

Number

# 45

做过就会爱上 ／ **紫薯酥**

这是一个比较费工夫的点心，
但看到它烤出来的样子实在是太诱人了。
亲自去做，才知道淡紫色的花纹是这么来的。

跟着视频
学烘焙

## 材料

紫薯 500 克，细砂糖 50 克，油少许，高筋面粉 150 克，
黄油 120 克，水适量，低筋面粉 120 克

## 做法

1. 紫薯去皮，切片。蒸锅里倒入水，煮开后放上紫薯片，蒸 10 分钟后取出。

2. 在紫薯片中加 30 克细砂糖，趁热捣成泥拌匀，然后倒入平底锅炒去水分。

3. 期间可分 2 次加些油，让紫薯完全吸收，再盛出紫薯泥降温。

4. 取 50 克的紫薯泥放置一边备用，剩下的分成每个 20 克的小团做紫薯馅。

5. 取 60 克黄油加热熔化后，倒入紫薯泥、20 克细砂糖，筛入高筋面粉，混合成团。

6. 搅拌的过程中分次加入水，然后倒在不粘垫上揉面，直至面粉完全混合吸收。再用保鲜膜包裹住面团放在旁边，避免面团表面干掉。

7. 另取 60 克黄油加热熔化后倒入低筋面粉中，搓成团，让黄油完全被面粉吸收。

8. 将黄油面团分成每个 20 克左右的小团子，分好后也用保鲜膜盖起来。

9. 取出之前做好的油皮，用对半分的方法，分成 8 个小团，再把油酥包在里面，收口，用擀面杖擀成椭圆形，从上而下，卷起来，收口朝上。

10. 第二次擀开，再从上而下卷起来，然后对半切开，就是两个紫薯酥的皮。

11. 把切口朝下，按扁，捏薄，放入紫薯馅，收口。

12. 预热烤箱，以 170℃的温度烤 12 分钟，烤好后取出装盘即可。

台 湾 美 食 / **凤 梨 酥**

一直很喜欢凤梨酥这个小甜点,
为什么能做出这种外酥内软的口感,
好奇宝宝终于来尝试了!

## 材料

凤梨 500 克，冬瓜 500 克，低筋面粉 90 克，椰子粉 60 克，
鸡蛋 25 克，盐 2 克，细砂糖 45 克，冰糖 45 克，黄油 75 克，水适量

## 做法

1. 冬瓜去皮去瓤、凤梨去皮，分别切成 1 厘米左右的小丁倒入锅中，加细砂糖、冰糖、盐，腌制 20 分钟。腌好后加入水熬煮，水约是材料的一半。
2. 煮开后转中小火，将材料煮烂，盛出 3/4 的果丁放到搅拌机中打成泥。
3. 剩下的果丁继续小火熬煮，再将打好的果糊倒回锅中，加热去除水分，制成凤梨酱，然后将其做成每个约 20 克的小团做馅料。
4. 黄油室温软化，加入椰子粉和全蛋液拌匀，筛入面粉上下翻拌均匀，成团后再分出每个 20 克的小团做馅皮。
5. 将馅皮按扁按薄，放入凤梨馅，收口整形成方形，放在铺了油纸的烤盘上。
6. 烤箱预热，以 170℃ 的温度烤 15 分钟，烤好后取出摆盘即可。

跟着视频
学烘焙

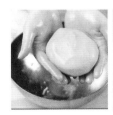 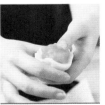

一口一个 / **酥皮奶油泡芙**

奶油小泡芙，还有一层酥皮的外壳。
吃着满是黄油和奶油的香味，
一口一个想把嘴里都塞满了。

跟着视频
学烘焙

## 材料

低筋面粉 37 克，黄油 70 克，绵白糖 12 克，淡奶油 100 毫升，
水 100 毫升，细砂糖 2 克，鸡蛋 2 个，盐 1 克，蓝莓酱适量

## 做法

1. 将室温软化的 30 克黄油和绵白糖搅拌均匀，加入低筋面粉继续拌匀。
2. 将面粉搓成团状，揉成面团后再整理成长条形。
3. 面团包上油纸或保鲜膜放入冰箱冷冻 1 小时左右。
4. 将 40 克黄油、细砂糖、盐和水混合，加热至黄油全部熔化。
5. 将过筛的面粉趁热一次性加入，拌匀至无干粉，呈光滑柔软的面团后，将其稍微放凉。
6. 分多次加入打散的鸡蛋，每加一次都要搅拌均匀后再加入，搅拌到面糊提起后成三角状缓慢滴落是最好的。
7. 将面糊液装进裱花袋中，在烤盘上垫上油纸。
8. 在烤盘上挤出泡芙，注意泡芙之间要留些空隙。
9. 从冰箱取出冷藏好的酥皮，切成厚度约 1 厘米的薄片。
10. 将酥皮盖在烤盘里挤好的泡芙面团上，每个面团上放一片酥皮。
11. 预热烤箱，将烤盘放入烤箱，以上下火 160℃的温度烤制 30 分钟。❀
12. 等泡芙烤得表面金黄，体积膨大就可以取出了。
13. 淡奶油加细砂糖提前打发至固体奶油状，接着倒入蓝莓酱调味，打发好后装入裱花袋中。
14. 最后将泡芙底部用筷子戳一个小洞，挤入奶油就完成了。

 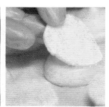

Number

# 48

金 黄 酥 脆 / **肉松蛋黄酥**

烤得金黄酥脆的外皮,
包裹着绵密的豆沙和咸香的鸭蛋黄,
配上一点酥松可口的肉松,
蛋黄酥可以说是一个将咸与甜完美融合的神奇小食。

跟着视频
学 美 食

## 材料

中筋面粉 150 克，猪油 70 克，开水 70 毫升，低筋面粉 100 克，
豆沙 120 克，熟面粉 50 克，肉松 30 克，生鸭蛋黄 6 个，
鸡蛋 1 个，黑芝麻、白葡萄酒各少许

1.  将中筋面粉堆成小山状，中间挖个洞，放入 20 克猪油和开水。

2.  用刮刀将面粉从两边往中间和，擦成油皮。

3.  将低筋面粉堆成小山状，中间挖个洞，放入 50 克猪油。

4.  用刮刀将面粉从两边往中间和，擦至微微发白，将猪油与面粉完全融合，制成油心。

5.  油皮和油心盖上保鲜膜，静置 10 分钟。

6.  生鸭蛋黄刷上白葡萄酒，放入烤箱中，以 180℃烤 6 ~ 8 分钟。❋

7.  豆沙里加入熟面粉，搓成长条，再用刮刀切成小块备用。

8.  将豆沙块擀平，放上肉松和鸭蛋黄，搓成圆球状。

9.  静置好的油皮和油心分别切成 6 个剂子，油皮每个约 25 克，油心每个约 20 克。

10. 将油皮擀平，包入油心，搓成圆球状，然后擀成长片状，卷起来再擀一遍。

11. 盖上保鲜膜静置 5 ~ 6 分钟。

12. 将静置好的油酥皮擀平，包入馅心，收口成圆形，放入烤盘中。

13. 打散一个鸡蛋黄，在蛋黄酥表面刷上一层蛋黄液，撒上黑芝麻。

14. 烤箱预热 5 分钟，将蛋黄酥放入烤箱中，上下火 200℃烤制 25 分钟。

| 微 | 体手记 × 🍲

❋ 生鸭蛋黄一定要有去腥的步骤，用红葡萄酒或白葡萄酒都可以去腥。

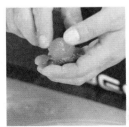

入 口 即 化 / **斑马杯**

这是由木糠杯演变而来的甜品，
用奥利奥代替普通饼干，
乍看之下，就像斑马身上的条纹一样，
所以取名为"斑马杯"。

## 材料

奥利奥饼干 200 克，淡奶油 150 毫升，细砂糖 30 克，
樱桃 2 颗，芒果 1 个

## 做法

1.  奥利奥饼干去掉夹心，放进磨具里捣成细碎，或者套上保鲜袋用擀面杖压碎，压碎后倒出来备用。

2.  淡奶油中分 3 次加入细砂糖打发至出现明显纹路。

3.  将打发好的奶油装进裱花袋里，备用。

4.  杯子最底下铺上奥利奥饼干碎，大概 1 厘米厚，稍稍用勺子压平。

5.  再在奥利奥饼干碎上面叠一层奶油，厚薄度也是 1 厘米。一层奶油一层饼干碎，继续堆叠，最后一层撒上饼干碎。

6.  芒果切丁，放在斑马杯上，摆上 2 颗樱桃就完成了。

跟着视频
学烘焙

Number
# 50

不腻味的甜品 / **芒果榴莲班戟**

班戟是西方人很喜欢的甜品，
但经过改良之后，
已经和原来的 pancake 有了很大的差异，
成为一道"中国化"的甜品。

跟着视频
学 烘 焙

## 材料

低筋面粉 50 克，牛奶 120 毫升，黄油 10 克，鸡蛋 1 个，
细砂糖 15 克，喷嘴奶油适量，芒果 1 个，榴莲 1 块

## 做法

1. 将低筋面粉、牛奶、鸡蛋和细砂糖倒在一起，混合搅打。

2. 面糊混合完成后过筛 1 次，消掉小颗粒，使面糊更加细腻。

3. 把黄油加热熔化后倒进面糊里拌均匀。

4. 把芒果去皮，切成小块，榴莲去壳取肉备用。

5. 小火热锅不放油，慢慢倒下面糊，锅子稍稍倾斜转一圈，摊出圆圆的班戟皮。

6. 小火慢煎，不用翻面，等面糊的颜色变了，开始有了大气泡，就可以盛出来了。

7. 班戟皮晾凉后放上喷嘴奶油，各自裹上芒果和榴莲，再把班戟皮对折后再对折，即可。

Number

# 51

优 质 凉 品 的 美 味 　／　 **酸 奶 紫 薯 泥**

最近的气温又开启了烘烤模式，
热得人没胃口，找点东西吃吃吧！
当酸奶遇上紫薯是怎样的味道？
外酸内甜的滋味，只有试过才知道。

## 材料

紫薯 300 克，酸奶、蜂蜜、核桃仁各适量

## 做法

1. 把紫薯放进蒸锅蒸熟，大约蒸 20 分钟。
2. 拿出蒸好的紫薯去皮，放入碗中加入适量蜂蜜，搅拌均匀，制成紫薯泥。
3. 用舒芙蕾的烤碗，垫上保鲜膜，再填满紫薯泥。
4. 将烤碗倒扣入盘中，去掉保鲜膜，制成紫薯塔。
5. 淋上酸奶。
6. 将核桃仁倒入石臼中碾碎，撒在盘中即可。

跟着视频
学 烘 焙

Number
# 52

在家就能做 / **猪肉脯**

提起必备小零食，
猪肉脯肯定在榜单之中！

跟着视频
学烘焙

## 材料

盐 4 克，细砂糖 10 克，白胡椒粉 2.5 克，
猪肉、生抽、老抽、料酒、蚝油、白芝麻、蜂蜜各适量

## 做法

1. 肉馅买回来再剁细，也可以直接买整块的肉自己剁细。

2. 加上盐、细砂糖、白胡椒粉（用量也可以根据自己的口味调整），拌开。

3. 再继续加料酒、生抽、老抽和蚝油。

4. 朝一个方向搅拌肉馅，等肉馅有劲道（有黏的感觉），就可以了。

5. 把肉馅铺在油纸上，铺匀，盖上保鲜膜，用擀面杖把肉馅压薄。

6. 撕掉保鲜膜，预热烤箱，以 180℃的温度先烤 15 分钟。

7. 烤好后取出烤盘，猪肉脯正反面刷上蜂蜜，其中一面撒上白芝麻。

8. 再以 180℃的温度烤 12 分钟。

9. 取出烤好的猪肉脯，切开后就可以了。

口袋小零食 ／ **蔓越莓牛轧糖**

今天的牛轧糖除了加入标配花生之外，
还加了最近大热的蔓越莓。
棉花糖版本的牛轧糖，
简单易学，很容易上手噢!

## 材料

花生 140 克，奶粉 55 克，棉花糖 160 克，
蔓越莓 36 克，黄油 35 克，盐 1 克

## 做法

1. 花生去壳，放入平底锅中小火慢炒。炒到表面金黄色，盛出来放凉，搓掉表面的花生皮，待用。

2. 平底锅中放入黄油小火加热熔化，再把棉花糖倒入平底锅，待棉花糖化掉后加入盐和奶粉，关火，拌匀。

3. 拌好后加入花生和蔓越莓继续拌匀，让材料均匀分布在糖浆里面。

4. 将糖浆放在烤盘里，用手或者擀面杖压平。

5. 砧板上铺上油纸，放上牛轧糖后在其表面再铺一层。

6. 用刀将牛轧糖切成条状，然后切成块状即可。

跟着视频
学烘焙

拥有清凉魔法的
冷饮 & 甜点

伍
CHAPTER

在炎热的夏日里，
来上一道降暑冷饮或甜点，
体验一场不一样的暑期盛宴。

嘻 嘻 哈 哈 过 夏 天 ／ **西 哈 汽 泡 水**

当西瓜遇上哈密瓜,
再配上汽泡水……
清凉夏日必备饮品哟!

**材料**

西瓜、哈密瓜各 1 个，柠檬汁、苏打水各 1 瓶，
薄荷叶适量

**做法**

1.  哈密瓜对切，去掉中间的籽，用冰激凌勺挖出一个个的小球装入碗中待用。
2.  西瓜对切，也用冰激凌勺挖出小球，装碗待用。
3.  在杯子中放入适量的水果球。
4.  加入少许的柠檬汁和薄荷叶。
5.  最后倒入苏打水就完成了。

跟着视频
学烘焙

Number

# 55

即学即会 / **咖啡冰激凌**

伴着炎炎夏日，
来上一份苦中带甜、甜而不腻的咖啡冰激凌，
感受透心凉的舒爽。

跟着视频
学 烘 焙

## 材料

黑咖啡粉 10 克，鸡蛋 4 个，淡奶油 200 毫升，
核桃仁、蜂蜜、细砂糖、炼乳、水各适量

## 做法

1.  将鸡蛋的蛋清和蛋黄分开，过程中要慢一些，小心不要把蛋黄碰破混在蛋清里。
2.  加 1 勺细砂糖在蛋黄中，打发至黏稠。
3.  分 3 次加 3 勺细砂糖进蛋清，打发至湿性发泡。
4.  将蛋黄倒入蛋清里，以划十字的方式搅拌匀。
5.  淡奶油加 1 勺细砂糖打发，奶油打发好后加入之前的蛋糊中，以十字搅拌均匀。
6.  黑咖啡粉加水，加热蒸发水分，制成咖啡酱。
7.  把熬好的咖啡酱也加入蛋糊，再加一些炼乳，以十字搅拌制成冰激凌糊。
8.  核桃仁加蜂蜜小火翻炒，让蜂蜜均匀裹在核桃仁上，炒好后出锅晾凉。
9.  把冰激凌糊倒入模具，放入些许炒好的核桃仁，进冰箱冷藏最少 4 小时。
10. 取出冷藏好的冰激凌，脱模后点缀上一些炒好的核桃仁即可。

无 法 割 舍 的 饮 品 ╱ **抹茶星冰乐**

一杯冰爽的抹茶星冰乐是很多人的夏日最爱!
既然如此,
何不在家自制一杯"私家冰品"呢?

## 材料

冰块 200 克，牛奶 130 毫升，抹茶粉 10 克，细砂糖 15 克，
淡奶油 50 毫升，巧克力酱适量

## 做法

1.　冰块全部倒进搅拌机，倒入牛奶，牛奶的位置到冰块的 2/3 处就可以了。

2.　放入细砂糖、抹茶粉，启动搅拌机，打成沙冰。

3.　准备一个玻璃杯，把沙冰倒出来。

4.　淡奶油分 3 次加入细砂糖打发至有纹路。

5.　把打发好的淡奶油装入裱花袋，在沙冰上挤出花纹。

6.　将巧克力酱装入装饰笔中，在奶油上画出纹路即可。

跟着视频
学 烘 焙

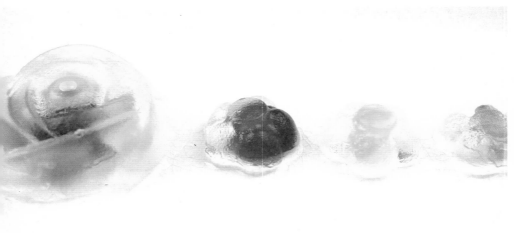

Number

# 57

剔透的美 ╱ **清凉冰果冻**

夏天到啦!
不想吃高热量的冰激凌?
试试晶莹剔透的冰果冻,
把水果冻起来,健康又凉爽!

跟着视频
学烘焙

吉利丁片 15 克，凉白开 300 毫升，细砂糖 30 克，
清水、芒果、樱桃、猕猴桃各适量

**做法**

1.  吉利丁片撕碎，泡进冷水里 3 分钟左右，泡软后从水里捞出来放入干净的碗中。
2.  入锅隔水加热，熔化吉利丁片。
3.  在细砂糖中加入适量的清水，溶化细砂糖。
4.  把溶化的细砂糖加进吉利丁片中搅拌均匀，再加入凉白开稀释，搅拌均匀成最终的吉利丁水。
5.  芒果、猕猴桃切成小丁，樱桃去核备用。
6.  先用部分吉利丁水填一层模具的底，放进冰箱冷藏约 15 分钟，使其凝固。
7.  取出凝固的吉利丁水，摆上各种水果，再填满吉利丁水，放进冷藏室等待凝固。
8.  将凝固好的果冻脱模，摆盘即可。

风味奶茶 / **奶盖三兄弟**

这款奶盖里加入了一点点盐，
能更好地衬托出奶盖的甜味！
略带咸味的奶盖，
让你尝过一次之后就无法忘记那种奇妙的滋味。

## 材料

淡奶油 200 毫升，糖粉 10 克，盐 3 克，
玫瑰花茶、红茶、茉莉花茶、蜂蜜、开水、冰块、可可粉各适量

## 做法

1. 淡奶油里加入糖粉和盐，用搅拌机低速打发至奶昔状，即成奶盖，然后放入冰箱冷藏备用。
2. 将茉莉花茶、红茶、玫瑰花茶分别用开水泡开，加入 1 勺蜂蜜调味。
3. 将茶水放凉后过滤掉茶叶，装入玻璃杯中。
4. 加入冰块，倒入打发好的奶盖，抹平。
5. 按照自己的喜好，在纸上剪出需要装饰的图案。
6. 将剪出图案的纸片盖在奶盖上，均匀撒上可可粉即可。

跟着视频
学烘焙

Number

# 59

亦假亦真 ╱ **西瓜果冻**

夏天不得不学的一款西瓜料理——西瓜果冻。
炎炎夏日少不了绿皮红瓤大西瓜，
也少不了西瓜味的高颜值果冻。

跟着视频
学烘焙

## 材料

吉利丁片 6 片，西瓜 1/2 个，抹茶粉 3 克，
酸奶 100 毫升，凉白开、细砂糖各适量

## 做法

1. 吉利丁提前泡软，隔水加热至熔化。
2. 抹茶粉加少许凉白开搅拌均匀，加入少许的细砂糖，增加甜味。
3. 加入熔化的吉利丁片和酸奶搅拌均匀后，倒入杯底做西瓜皮。
4. 把做好的西瓜皮果冻放入冰箱冷藏 30 分钟左右。
5. 酸奶中加入少许熔化的吉利丁片搅拌均匀，倒在冻好的绿色西瓜冻上。
6. 同样放入冰箱冷藏 30 分钟左右。
7. 西瓜榨汁，放入熔化的吉利丁片搅拌均匀后倒入冻好的白色果冻上，放入冰箱冷藏。
8. 取出冷藏好的果冻，即可食用。

# 60

美 容 养 颜 甜 点 / **木瓜牛奶冻**

夏日里的低脂凉品，
果冻和水果的亲密接触，
木瓜的清甜搭配牛奶，是一道夏季优质凉品。

## 材料

木瓜 1 个，牛奶 150 毫升，吉利丁片 10 克，细砂糖适量

## 做法

1. 木瓜切开一头，挖出全部的籽。
2. 吉利丁片掰碎了放在冰水里泡软，记得在水里加些冰块避免吉利丁片化了。
3. 牛奶放细砂糖，加热后放入吉利丁片熔化，搅拌均匀。
4. 将牛奶倒入木瓜中填满，盖上木瓜头，利用竹签封闭木瓜。
5. 把木瓜放进冰箱冷藏 2 小时以上。
6. 将冷藏好的木瓜取出，切块装盘即可。

跟着视频
学烘焙

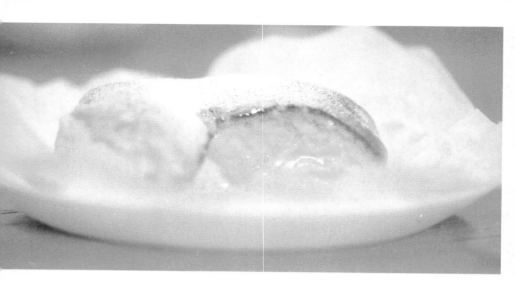

Number

# 61

会 爆 浆 的 蛋 糕 / **蜂蜜凹蛋糕**

爆浆的关键在于烤制时间的把握，
喜欢全熟的烤制 15 分钟以上，
半熟不要超过 12 分钟，喜欢哪一种口感随你而定。

跟着视频
学 烘 焙

## 材料

蛋黄 3 个，鸡蛋 1 个，蜂蜜 15 克，糖粉 30 克，
低筋面粉 20 克，香草精 3 滴

## 做法

1. 先将水加热至温，以备之后隔水加热。
2. 在碗中打入鸡蛋，倒入蛋黄、糖粉和蜂蜜，隔着温水打发至浓稠。
3. 低筋面粉过筛后加入蛋液中，再倒入 3 滴香草精去除蛋腥味。
4. 用刮刀上下翻拌至面糊无颗粒。
5. 在烤制的容器中铺上油纸，将蛋糕糊倒进去。
6. 烤箱温度调至 170°C，以上下火烤制 13 分钟。
7. 最后在上面撒上糖粉装饰。

# 62

无桃子不夏天 ／ **蜜桃冰茶**

要说夏日里清新得让人小心脏乱颤的饮品，
蜜桃冰茶绝对算得上一个。
茶香和果香结合出的美妙滋味，真是让人难忘！

## 材料

水蜜桃 2 个，柠檬 1/2 个，红茶 2 包，冰细砂糖 1 把，
开水、柠檬片、冰块各适量

## 做法

1. 先把水蜜桃从中间切一圈，掰开后去掉桃核。剩下的桃肉切成小片。

2. 将切好的桃肉放入锅中，倒入适量的水和冰细砂糖（水的分量是桃肉的
   2 倍），煮 15 分钟。

3. 捞出桃肉，在剩下的桃汁里挤进柠檬汁，等它慢慢放凉。

4. 开水冲泡红茶包 2 分钟，取出茶包，只留下红茶待用。

5. 在瓶子中先倒入桃汁，再倒入红茶。

6. 最后放上冰块、柠檬片、桃肉，蜜桃冰茶就完成了。

跟着视频
学 烘 焙

# 63

拼 色 的 艺 术 　／　 **三 色 小 方**

入口即化的牛奶小方，
三种口味打包来袭，
快来拼出你心中最理想的小方吧！

跟着视频
学 烘 焙

## 材料

牛奶 240 毫升，淡奶油 100 毫升，玉米淀粉 40 克，
细砂糖 40 克，椰蓉、可可粉、抹茶粉各适量

## 做法

1.  在碗中倒入玉米淀粉和牛奶，混合均匀。
2.  另取一容器，内壁铺上油纸，防止粘黏。
3.  在锅中倒入淡奶油、细砂糖，中火慢慢加热，搅拌均匀。
4.  再倒入之前拌匀的牛奶玉米淀粉混合物，中小火加热，搅拌。
5.  关火，将加热好的混合物倒在容器里，铺平。放凉了之后盖上保鲜膜，
    放进冰箱冷藏 5 小时。
6.  取出冷藏好的混合物，放在砧板上，撕掉油纸，切成小方块。
7.  分别在盘中撒上可可粉、抹茶粉、椰蓉，把小方放入其中裹匀，制成三
    色小方。

Number
# 64

抓 住 夏 天 的 尾 巴 ／ **酸奶慕斯**

入口即化的慕斯，比布丁更加柔软，
也更符合人们越来越精致自然的饮食理念，
用酸奶做主要材料，综合了酸和甜的口感，更丰富也更清爽。
最后用 QQ 糖做了粉色镜面装饰，立马粉嫩起来了。

## 材料

酸奶 250 毫升，淡奶油 200 毫升，吉利丁片 2 片，

细砂糖 30 克，柠檬汁 10 毫升，奥利奥饼干、QQ 糖、牛奶各适量

## 做法

1. 将细砂糖加入到酸奶中搅拌至糖化开，再把吉利丁片放在冷水中泡软。

2. 捞出吉利丁片，隔水加热成黏稠的液体状。

3. 接着倒进酸奶，再加入柠檬汁一起搅拌均匀，放在一边备用。

4. 奥利奥饼干碾碎，倒入隔水熔化的黄油拌匀，平铺在6寸模具中冷藏待用。

5. 淡奶油中加入细砂糖打发至有纹路的可流动状态，分次倒入酸奶液搅拌均匀制成慕斯液。

6. 慕斯液倒入冻好的模具中，震动几下排出气泡后，放入冰箱冷藏 3 小时以上。

7. QQ 糖和牛奶隔水加热熔化后，倒在冻好的慕斯上，放入冰箱再冷藏 1 小时。

8. 蛋糕取出脱模即可食用。

跟着视频
学 烘 焙

# 65

可以吃的盆栽 ╱ **盆栽奶茶**

难道盆栽都是植物吗?
这是一盆可以吃的小萌物。

跟着视频
学 烘 焙

**材料**

红茶叶 45 克，奥利奥饼干适量，淡奶油、牛奶、
炼乳、细砂糖、冰块各适量，薄荷叶 1 片

**做法**

1. 将红茶叶放入壶中，用开水冲泡 3 ~ 5 分钟，泡好后过滤掉茶叶。
2. 杯子里倒入六分满的红茶，加入牛奶到八分满。
3. 放适量炼乳增加甜度，喜欢少细砂糖的话也可以不加。
4. 搅一搅，让炼乳化开。
5. 淡奶油加 10 ~ 15 克细砂糖，打发至有纹路，装进裱花袋中。
6. 在杯中加入一些冰块，挤上奶油。
7. 奥利奥饼干去掉夹心捣碎，铺在奶油上。
8. 最后放上薄荷叶点缀即可。

花儿朵朵开 ╱ **玫瑰仙草奶茶**

手工煮制的奶茶浓郁味正，
甩速溶奶茶几百条街。
自己用心慢慢煮，
连过程都是享受!

## 材料

纯牛奶 500 毫升，红茶 4 包，龟苓膏 1 盒，
玫瑰酱、蜂蜜、冷开水各适量

## 做法

1. 玫瑰酱用冷开水化开，放入冰格中，冷冻成冰块。
2. 纯牛奶煮开后加入红茶包和蜂蜜，小火慢煮。
3. 煮约 5 分钟将红茶的香味完全煮出来后关火，放凉奶茶。
4. 将龟苓膏切成小块，放入杯中铺满。
5. 奶茶倒入杯中约八分满，最后放上玫瑰冰块。

跟着视频
学烘焙

Number
# 67

细腻的果饮 ／ **水果思慕雪**

水果和酸奶的搭配可称完美，
在冰箱冻硬的水果，
不需要加冰块就能达到冰凉的口感，
再加上一些酸奶增加层次感。

跟着视频
学美食

## 材料

香蕉、猕猴桃、柠檬、葡萄、
芒果、火龙果各适量，酸奶 1 大盒，蜂蜜、棉花糖各适量

## 做法

1. 先将准备好的各种水果切成小块，然后放入冰箱冷冻，冻硬。❋

2. 事先准备好数个透明杯子，将猕猴桃切成薄片，贴在其中一个杯子内壁。

3. 将冻硬的香蕉放入搅拌机中，加入适量的酸奶和蜂蜜，搅打。

4. 将打好的香蕉汁倒入杯中，放上棉花细砂糖装饰，制成香蕉猕猴桃思慕雪。

5. 将柠檬切成薄片，然后再切成三角形，将柠檬片整齐地贴在杯壁上。

6. 取出冻好的葡萄放入搅拌机中，加入少许酸奶，搅拌好后倒入杯中，约七分满。

7. 将冻好的芒果块放入搅拌机中，加入少许酸奶搅打成泥，再倒入杯中形成漂亮的分层，这样葡萄芒果思慕雪就完成了。

8. 之前打好的芒果汁先倒一层到玻璃杯中。

9. 把冻好的火龙果倒入搅拌机中加入少许酸奶，搅打。

10. 将火龙果汁倒入杯中倒满，形成另外的一层，制成芒果火龙果思慕雪。

11. 将之前打好的火龙果汁倒入玻璃杯中。

12. 再倒入酸奶，火龙果酸奶思慕雪也完成了。

| 微 | 体手记 × 🍵

❋ 水果必须冻硬了再搅打，不然不能很好的形成分层，也没有冰沙的口感。